NOTE
SUR LES TANGARAS

ET LEURS AFFINITÉS.

DESCRIPTIONS D'ESPÈCES NOUVELLES

PAR M. CHARLES-LUCIEN BONAPARTE.

Extrait de la *Revue et Magasin de Zoologie*.
Mars 1851. — N° 3.

NOTE

SUR LES TANGARAS.

Pendant le trop court séjour que vient de faire M. Bourcier dans la République de l'Equateur, il n'a rien négligé pour recueillir des objets et des observations de toutes sortes, qu'il fera bientôt connaître lui-même..... En attendant, je viens soumettre à l'Académie quelques-unes de ses plus précieuses découvertes ornithologiques, dont il a bien voulu me confier la publication.

C'est à l'intrépide chasseur et habile ornithologiste lui-même, que je crois devoir dédier la plus belle espèce qu'il a rapportée des bois de Bagnos, près du Tonguragua, volcan toujours couvert de neige : CALL. BOURCIERI, Bp. *Splendide viridis, abdomine cœrulante, plumis omnibus basi latissime nigerrimis : vertice uropygioque fulvis : gula nigra, macula magna hinc inde fulvo-castanea.*

Une seconde nouvelle espèce portera le nom de CALL. PHOENICOTIS, Bp. *Splendide viridissima, plumis basi obscure plumbeis; macula utrinque auriculari parva rubro-castanea : remigibus rectricibusque nigris : rostro exili, compresso.*

Ces deux oiseaux, par leur bec mince et comprimé, par

leur couleur verte brillante, etc., peuvent constituer un petit genre à part, que nous nommerons *Chlorochrysa*, ou plutôt CALLIPARÆA, avec d'autant plus de justice que *Tanagra calliparæa*, Licht., qui ne diffère peut-être pas de notre *bourcieri*, en serait le type.

Une troisième espèce, voisine de *C. xanthocephala*, mais parfaitement distincte, prendra place dans le système comme CHRYSOTHRAUPIS ICTEROCEPHALA, Bp. *Nigro aureoque varia : pileo, uropygio, corporeque subtus aureo-flavis : jugulo glauco-pruinoso : remigibus rectricibusque nigris, viridi limbatis.*

Une quatrième espèce, probablement le *T. punctata* du Pérou des auteurs, ressemble au *Tanagra punctata* de Linné, de Cayenne ; mais elle est plus forte, n'a pas les taches noires du dessous du corps si grandes et si rapprochées : son croupion est jaune au lieu d'être vert, et cette couleur jaune teint aussi fortement la tête. Nous l'avons nommée IXOTHRAUPIS GUTTULATA, Bp. Ne serait-ce pas *C. chrysophrys*, Sclater, non encore publiée et en même temps *C. guttata*, Cabanis, qui cependant lui donne pour patrie la Guyane, et le Brésil à celle de Linné ? Nous appellerons ce petit groupe IXOTHRAUPIS, et ferons connaître comme espèce nouvelle, plus petite que toutes les autres, et presque sans taches, sous le nom d'IX. PUSILLA, le petit Syacou de Lesson.

Une cinquième espèce nouvelle de *Tanagrien*, se rapprochant de *velia* encore plus que *ruficollis*, Gosse, et appartenant, par conséquent, au genre *Tanagrella*, Sw., ou *Hypothlypis*, Caban., portera le nom caractéristique de T. RUFIGULA, Bp. *Nigra, plumis dorsi alarumque viridi-limbatis ; uropygio glauco : gula rufa ; pectore lateribusque albo-glaucis nigro-maculatis : abdomine albido ; crisso rufescente.*

Ce sera la cinquième du genre, car aux deux anciennement connues, qui se disputent le nom spécifique *velia* de par Linné et Brisson, qui ont l'une et l'autre le dessous de la queue roux, et pour synonymes les noms de *T. tenuirostris*, Sw., *T. iridina*, Hartl., *T. cyanomelas*, Wied., et *T. multicolor*, Sw., M. Cabanis en a déjà ajouté une troisième. C'est son *Hypothlypis callophrys*, pour nous TANAGRELLA CALLOPHRYS, aux sourcils d'or et au dessous de la queue noir ; elle est décrite dans le *Voyage de Schomburgk*, vol. III, page 668, comme venant de la Guyane et du Brésil septentrional. Nous en avons rédigé la phrase suivante, d'après un individu que les Indiens du Napo (République de l'Equateur) ont donné comme très-rare à M. Bourcier : *T. nigra ; subtus et in humeris cyanea : uropygio glauco-argenteo : crisso nigro : pileo nigerrimo ; fronte superciliisque aureo versicoloribus.*

Parmi les autres espèces importantes rapportées par notre diplomate naturaliste, je citerai : 1. l'élégante *Calliste nigro-viridis*, Lafr., dont le bec très-court pourrait lui mériter un petit genre à part, mais dont le plumage se rapproche de quelques autres espèces noires et bleues, qui constituent pour nous le petit genre CHALCOTHRAUPIS.

2. La vraie *Chalcothraupis*, si semblable à *Procnopis atrocœrulea* de Tschudi, qui n'en diffère que par sa tache nuchale d'un jaune paille, *Tanagra ruficervix* de Florent Prevost.

Cet oiseau est un exemple éclatant de la déplorable négligence avec laquelle notre aimable science a été traitée (je dirai presque à la Gmelin) dans ces derniers temps ; négligence qui oblige trop souvent le zoologiste à pâlir des nuits entières sur les erreurs des hommes, au lieu d'élever ses pensées à l'étude des œuvres de la nature. Ayant trouvé un tout autre oiseau, nos ornithologistes modernes le rapportèrent au *Tanagra ruficervix*, si bien représenté dans le Voyage de la *Vénus*, mais dont ils changèrent le nom, par une heureuse inadvertance, en *rufivertex*. Je dis heureuse inadvertance, car c'est uniquement à cause d'elle que le nom spécifique de *ruficervix* peut être conservé à cette espèce, rendant inutile celui de *Tanagra dubusia*, sous lequel je l'ai décrit dans mon *Conspectus* ; c'est, au reste, un véritable *Tanagride*, quoiqu'il ait été rangé par quelques auteurs parmi les *Fringillides*, et qu'il mérite de constituer un genre à part, que Lesson avait déjà nommé *Iridosornis*, lorsque Hartlaub lui imposa le nom de *Pœcilornis*. Cabanis, tout récemment, vient encore de lui donner celui d'*Euthraupis*. Le *Tanagra analis* de Tschudi est une seconde espèce du genre ; et nous avons aussi entendu nommer la première *Tanagra chrysolopha*.

La famille des TANAGRIDES offre tant d'affinités, tant de rapports et des points de contact si nombreux avec celle des *Fringillides*, que je suis loin d'être satisfait de la place qu'elle occupe loin d'elle dans mon arrangement systématique. Le fait est que, dans ce cas comme en tant d'autres, le seul moyen de représenter convenablement les affinités naturelles est d'établir pour ces oiseaux une série (1) parallèle à celle des *Fringillides*. Cette série com-

(1) Puisque j'ai prononcé le mot série, je devrai dire, eu égard à une discussion entamée dans le sein de l'Académie, que j'entends par ce mot une suite de genres appartenant tous à la même famille, au même ordre où à la même classe, rangés suivant leurs rapports naturels, et de manière à représenter, chacun dans leur groupe, les genres analogues d'un ou de plusieurs autres parallèlement distribués, et se dégradant du type primitif au fur et à mesure qu'on descend plus bas dans l'échelle. Le mot *embranchement*, auquel, pour être conséquent, on devrait substituer celui de *province*, n'est que la dénomination de la coupe qui suit immédiatement celle de *règne* dans la hiérarchie zoologique, et qui contient plusieurs *classes*, *ordres* et *familles;* et quoique chaque embranchement puisse être disposé en série, l'on voit que les deux mots ne sauraient être synonymes.

Tandis que les genres d'une même série sont liés les uns aux autres par ce que l'on est convenu d'appeler *affinité*, ils ne montrent chacun, avec les genres correspondants des autres séries, qu'une *analogie* plus ou moins lointaine. Les derniers genres de chaque série étant les plus dégradés, les moins organisés, il s'ensuit que c'est à la fin de chaque série que doit se montrer une affinité quelconque, ne fût-elle que négative.

mencerait par les *Sylvicoliens* à bec de Fauvette (bien plus grêle encore que celui des *Chardonnerets* parmi les *Fringillides*), pour terminer par mes *Pyrrhuphoniæ* parmi les *Euphoniens*. Mais la collocation de cette série elle-même est encore pour moi un problème à résoudre; je dis pour moi, qui condamne comme entièrement artificielle la section des *Passereaux dentirostres*, la considérant aussi peu naturelle que tant d'Ordres et d'autres groupes abolis par moi dans diverses Classes, et surtout parmi les POISSONS. Car, pour ceux qui l'admettent avec Cuvier, les *Tanagrides*

Les deux grands règnes de l'empire organique, l'animal et le végétal, eux-mêmes composés de séries complexes, peuvent se résoudre en deux immenses séries dont l'origine se confond presque dans ces êtres pour lesquels Bory de Saint-Vincent avait voulu instituer un règne à part. Dans plusieurs de mes ouvrages, en traitant des séries et de leur direction (de leur parallélisme et divergence), j'ai cherché à démontrer comment elles tendaient à converger pour se réunir à la base; et comment les différentes séries, comparées par moi aux tuyaux d'un orgue, s'élevaient plus ou moins, suivant que la nature avait pris plaisir à les perfectionner davantage. La série des Primates est certainement la plus élevée, grâce à l'homme, ce miracle de la création, dont l'espèce UNIQUE pourrait représenter, comme je le soutenais il y a plus de vingt ans, un *règne à part*, tandis que l'embranchement des Vertébrés auquel elle appartient se dégrade, dans les Poissons à un tel point, que sa dernière espèce, le *Branchiostome*, n'est nullement supérieure à un *Ver*, et beaucoup moins haut dans l'échelle des animaux que les *Céphalopodes*, les *Crustacés* ou les *Coléoptères*. La série des Batraciens, quoique inférieure à celle des vrais Reptiles, montre, dans la Grenouille, un type plus parfait que les Serpents. Les Didelphes, parmi les Mammifères, ont tout comme les Monodelphes, leurs rongeurs, leurs insectivores et leurs carnassiers, et quelques-uns de ces derniers, avec un système dentaire encore plus carnivore que les bêtes féroces elles-mêmes (*Thylacynus*). Et les Oiseaux eux-mêmes, beaucoup mieux subdivisés physiologiquement que par leurs caractères extérieurs, montrent dans leur double série, par le mode de développement de l'embryon et du jeune, des faits analogues à ceux qu'on observe chez les Mammifères, les Reptiles et les Poissons.

sont, parmi les *Dentirostres*, ce que les *Fringillides* sont parmi les *Conirostres*. Mais qui ne sait que tous les *Pityliens*, quoique la plupart *Dentirostres*, sont de véritables *Fringillides*, comme, au reste, on trouve des oiseaux à bec entier ou échancré parmi les *Sturnides*, les *Garrulides*, etc.

Quoi qu'il en soit, je profite de cette occasion pour indiquer quelques nouveaux genres de *Tanagrides*, et pour donner quelques rectifications relatives aux espèces et à la synonymie qui serviront, j'espère, à mettre en ordre cette importante famille, qui est peut-être la plus imparfaitement traitée dans mon *Conspectus Avium*.

Le genre PROCNIAS, Ill. (*Tersina*, Vieill.), jusqu'ici composé d'une seule espèce, en comptera maintenant deux :

1. *Ampelis tersa*, L., p. 232 de mon Conspectus. *Major; rostro latissimo; plumis jugularibus rotundatis.*

2. *Procnias heini*, Caban. (*Aglaia labradorides*, Mercatorum, err.) Cat. Mus. Hein Halberst. ex Columbia. *Valde minor* (specim. haud adult.) : *aureo-viridis, capite gulaque fusco-versicoloribus : rostro parum dilatato : plumis jugularibus acutis.*

Le genre PROCNOPIS, Caban., auquel il faudra restituer le nom plus ancien de PIPRÆIDA, Sw., 1827, sera également composé de deux espèces :

1. *Tanagra melanota*, Vieill. (*vittata*, Temm. — *Pipræida cyanea*, Sw.), p. 231 et 232 de mon Conspectus. *Cæ-*

Il est évident, en effet, que les Cultrirostres, comme les Hérons, qui ne sont que de faux Echassiers, les Longipennes et les Totipalmes, si différents des Brachyptères et des Lamellirostres, doivent être inclus parmi les Oiseaux de la première série, chacune de ces coupes n'ayant avec l'ordre auquel on les réunit ordinairement, que des rapports du genre de ceux qui ont fait confondre les Pigeons avec les Gallinacés.

Il va sans dire que nos séries, en histoire naturelle, n'ont aucun rapport avec les séries de chiffres des mathématiciens ou celles d'idées des métaphysiciens ; et n'ont également rien de commun avec les différentes époques de création inventées ou commentées par des géologues peu bibliques.

rulea; subtus rufescens : fronte, vittaque utrinque oculare latissima nigerrimis : dorso medio, alis, caudaque nigricantibus.

2. *Calliste vassori* de mon Conspectus, p. 255, dont *Aglaia diva*, Less., ne diffère pas. *Minor : intense cyanea : capistro, loris, alis, caudaque nigris.* * Fæm. *Fusco-cœrulans, subtus dilutior.*

Le genre IODOPLEURA, Less., par la conformation de ses pieds, indice presque certain de son organisation de Chanteur, appartient aussi aux *Euphoniens* plutôt qu'aux *Pipriens*. Nous en connaissons trois espèces noirâtres à fascicule de plumes violettes sur les flancs, mais très-faciles à distinguer par leur taille, et surtout par la couleur de la gorge, rousse, blanche ou noire.

1. IODOPLEURA PIPRA, Less. (*Pardalotus* ex Ceylan! — *Euphon. pipra*, Less., Cent Zool., t. 26. — *E. aurora*, Sundev., Svensk. Akad., 1833, t. 11, 3. — *E. modesta*, Licht.), O. Des Murs. Pl. p. 68 (71), 2, ex Brasil. *Minor : nigricans, superciliis, uropygioque concoloribus; gula, crissoque rufis.*

2. IODOPLEURA FUSCA, Less. (*Ampelis fusca*, Vieill. — *Pipra laplacii*, Eydoux. — *Euphonia fusca*, Gr.), Mag. Zool., 1836, Ois., t. 68, ex Guiana. *Minor : nigra; subtus fuliginosa, gula nigra : macula subauriculari, uropygio, crissoque albis.*

3. IODOPLEURA GUTTATA, Less. (*isabellæ* Parzudaki. — *emiliæ*, O. Des Murs. — *Euphonia guttata* et *isabellæ*, Gr.), Pl. p. 68 (71), 1, ex Venezuela. *Major : nigricans; superciliis, gula, uropygioque albis.*

Les EUPHONES proprement dites doivent commencer, suivant moi, par ces espèces, dont les touffes de plumes de chaque côté de la poitrine rappellent celles du genre précédent.

1. EUPHONE CAYANA, Gr. (*Tanagra cayana*, sp. 14, L., Gm. — *Euphonia cayennensis*, Desm.), Pl. enl. 114, 3. — Hist. nat. Tang., t. 26, ex Guiana. *Nigro-violacea : pectore*

hinc inde alarumque tectricibus inferioribus rubro-aurantiis.

2. E. PECTORALIS, Wagl. (*Tanagra pectoralis*, Lath. — *Euphone rufiventris*, Licht. nec Vieill. — *E. castaneiventris*, Vieill. — *Euphone à ventre marron*, Mus. Paris), Gal. Ois., t. suppl. ex Brasil. *Nigro-violacea; abdomine castaneo : pectore hinc inde plumis elongatis flavis.*

3. E. RUFIVENTRIS, Gr. (*Tanagra rufiventris*, Vieill. nec Licht. — *T. chrysogastra*, Cuv. — *Euphone à ventre jaune roux*, Less.), Gal. Ois., t. suppl. ex Bras. *Minor ; nigro-violacea; fronte, uropygio, pectoreque concoloribus : abdomine flavo ; crisso rufescente.*

4. E. RUFICEPS, Lafr. — Orb., Voy. Am. m., Ois., t. 22, 2, ex Bolivia. — *Simillima* E. chloroticæ, *sed fronte latissime rufa.*

5. E. BREVIROSTRIS, Bp., Collect. Parzudak., ex Columbia. *Media quasi inter* E. ruficeps et chlorotica : *nigro-purpurea, flavo obscuriore; rostro brevissimo.*

6. E. CHLOROTICA, Desm. (*violacea*, Bp., 1837. — *Tanagra chlorotica*, L. — *T. violacea*, var. *chlorotica*, Gm.). Azara, 99. — Pl. enl. 114, 1. — Sundev., Svensk, Akad., 1835, t. 10, 3, 2. — Hist. nat., Tang., t. 25, jun. 24, adult., ex Cayenna, Brasil., Ins. Trinitat. *Nigro-violacea, gula nigra ; fronte latissime, pectore, abdomine, crissoque aureis : rectrice utrinque extima, remigibusque basi interne albis.*

7. E. PUMILA, Bp., Coll. Parzudaki, ex Cayenna, Nuova-Granada. *Similis* E. chloroticæ; *sed valde minor, nigro-chalybæa nec purpurescens : fronte flava, restrictissima.*

8. E. HIRUNDINACEA, Bp. (*affinis?* Less., 1842), Pr. zool., Soc., 1837, p. 117, sp. 22, ex Guatimala. *Simillima* E. chloroticæ, *valde purpurescens, sed rostro hirundineo!*

9. E. VIOLACEA, Desm. (*Fringilla violacea*, L. — *Pipra grisea?* et *Tanagra violacea*, Gm.), Pl. enl. 114, 2. — Hist. nat. Tang., t. 21. mas 22. fœm. 23. mas jun. 24. fœm. jun. ex Bras. Guian. *Nigro-violacea : fronte, vertice* (GULA)

corporeque subtus omnino flavissimis : remigibus, rectricibusque lateralibus basi interne albis.

10. E. LANIIROSTRIS, Lafr. — Orb., Voy. Am. m., Ois., t. 22, 1, ex Bolivia. *Simillima* E. violaceæ; *sed rostro robustiore, sublaniino!*

11. E. ÆNEA, Gr. (*Tanagra ænea*, Sundev. — *chalybæa*. Mikan. — *Euphonia pyrrhuloides*, Natterer) Svensk, Akad. 1835, t. 11, 4. — Delic. Flor. et Fn. Bras. figura ex Brasil. *Viridi-nigra* (nec violacea), *genis mentoque concoloribus : subtus et in fronte flava; remigibus rectricibusque unicoloribus; rostro crassissimo. Ab* E. violacea *et præsertim* laniirostre *suadente rostro haud disjungenda.*

Les espèces qui suivent commencent à se montrer moins typiques.

12. E. UMBILICALIS. Less., Tr. Orn., p. 46, sp. 8, ex Brasil. *Major : olivacea; jugulo, abdomineque griseis : crisso rufo.*

13. E. OLIVACEA, Desm., Hist. nat. Tang., t. 27, ex Cayenna, Mus. Paris. an adult? *Minima : viridi-olivacea; subtus cinereo-olivacea; gula, crissoque albidis.*

Je ne connais pas *Euphonia serrirostris*, Lafr. Orb., Voy. Amer. m., Ois., t. 21, 2, 3, de Bolivie. *Viridis, subtus alba : fronte et lateribus flavescentibus.* Et quant aux *Tanagra chlorocyanea*, *tephrocephala* et *leucocephala* de Vieillot, Enc. meth., p. 774 et 781, dont Gray fait des Euphones, je ne pense pas qu'elles appartiennent à ce groupe.

Les Euphones à bec de Bouvreuil constituent un genre PYRRUPHONIA, mais auquel je ne rapporte plus que deux espèces, les *E. laniirostris* et *ænea* ne pouvant être séparées des vrais Euphones.

1. PYRRHUPHONIA JAMAICA, Bp. (*Tanagra jamaica*, Gosse ex L.! — *Euphonia jamaica*, Gr.), Brown. Ill., t. 26. — Gosse, Orn. Ill. Jam., t. 59. m. et f., ex Antill. *Cæruleo-grisea; subtus albo-cærulea : uropygio virescente : abdomine flavo* (fœminæ *albo*).

2. PYRRHUPHONIA CINEREA. Bp. (*Euphonia cinerea*,

Lafr.), Rev. Zool., 1846, p. 277, ex Columbia. *Glauco-cinerea; subtus dilutior, abdomine medio crissoque flavo-citrinis; rostro valido, apice bidentato!*

Le nom de CHLOROPHONIA pourra s'appliquer aux Euphones vertes, si remarquables par leurs formes de Procnias.

1. CHLOROPHONIA VIRIDIS, Bp. (*Tanagra viridis*, Vieill. — *Procnias viridis*, Caban. *Euphonia viridis*, Gr.), Pl. col. 36, 3, ex Brasil. *Minor : viridis, abdomine crissoque flavissimis : collare uropygioque cyaneis.*

Les exemplaires provenant de la République de l'Equateur ont le dos presqu'entièrement bleu.

Je ne connais pas *Tanagra xanthogaster*, Sundev. (*Euphonia xanthogastra*, Gr.), du Brésil, figuré tab. 10, 1, du volume de 1835, de Svensk, Akad.

2. CHLOROPHONIA OCCIPITALIS, Bp. (*Euphonia occipitalis*, Dubus), Esq. Orn., t. 14, ex Mexico merid. *Similis* Chl. viridi ; *sed major et macula occipitali cærulea.*

3. C. PRETRII, Bp. (*Tanagra pretrei*, Lafr nec Less. — *Euphonia pretrei*, Gr.), Mag. Zool, 1843, Ois., t. 42, ex Columbia. *Minor : viridissima; pileo cyaneo : abdomine flavo, medio longitudinaliter rufo.*

Cette espèce, par ses couleurs, indique le passage au petit genre suivant.

Nous donnons plus particulièrement le nom de CYANOPHONIA aux Euphones à tête bleue qui, par ce caractère, et même un peu par leurs formes, rappellent, comme l'*Organiste*, le genre *Pipræida*.

1. CYANOPHONIA MUSICA, Bp. (*Pipra musica*, Gm. — *Parus musicus*, Lath. — *Tanagra musica*, Auct. — *Euphonia musica*, Desmar.), Pl. enl., 809, 1. Hist. nat. Tang., t. 19. mas. t. 20. fæm., ex Antill. *Nigro violacea; pileo cerviceque cyaneis; fronte nigro-marginata; uropygio, corporeque subtus ex toto flavo-aurantiis.*

Fæm. *viridis; subtus et in uropygio flavicans : pileo cæruleo, fronte immarginata rufa.*

2. C. AUREATA, Bp. (*Tanagra aureata*, Vieill ex Azara, 98. — *Euphonia nigricollis*, Vieill. — *E. cœruleocephala*, Sw. ex *Euphone à tête bleue*, Mus. Par. — *E. aureata*. Gr.), Orb., Voy. Am. III, IV, p. 267, sp. 248, ex Parag. Bolivia, Equator. *Nigro-violacea; subtus et in uropygio flavo-aurantia; vertice, occipite, cerviceque cyaneis; fronte, genis, gulaque purpurascente-nigerrimis.*

Quid *Tanagra desmaresti*, Vieill. (*Euphonia desmaresti*, Gr.), Enc. meth., p. 774, ex Brasil. nisi *Cyanophonia fronte nigra, pileo azureo?*

C'est ici que devrait être intercallé le nouveau genre CALLIPARÆA, avec ses deux ou trois espèces dont nous avons déjà parlé.

Quid CALLISTE CATAMENA, Bp. Mus. Lugd. *Viridis, vertice crissoque rufescentibus?*

Calliste gyrola et les espèces voisines constituent le genre GYROLA de Reichenback.

1. GYROLA CHRYSOPTERA, Bp. (*Tanagra gyrola*. L. — *Aglaia chrysoptera*, Sw. — *Calliste gyrola*, Gr.), Pl. enl., 133, 2. — Desm. Tang., t. 6. mas, t. 7. fœm. ex Brasil. *Viridis, pectoris abdominisque medio cyaneo: pileo genisque rufis: humeris aureis.*

2. C. VIRIDISSIMA, Bp. (*Aglaia gyrola*, Sw. — *viridissima*. Lafr. — *Calliste desmaresti*, Gr.), Rev. Zool, III. 2, ser. t. 28, ex Antill. *Ex toto viridissima; capite rufo-castaneo.*

3. C. CYANOVENTRIS, Bp. (*Aglaia peruviana*, Sw. nec Desm. — *gyroloides*, Lafr. — *Calliste cyanoventris*, Gr.), Rev, Zool., 1847, p. 277, ex Peru. *Viridis; subtus et in uropygio cyanea: pileo genisque castaneis: humeris aureis.*

Suit immédiatement le groupe restreint auquel nous conservons le nom de CALLISTE: il a pour type *Tanagra cayana*, et sa première espèce, nouvelle, a même de grands rapports avec les Gyroles.

* 1. CALLISTE VITRIOLINA, Bp. (*Tanagra vitriolina?* Licht. Mus. Berol. — *ruficapilla*, Bp. in litt.), Pl. enl.,

290, 1 ? ex Santa-Fe de Bogota. *Similis* C. cayanæ; *sed dorso viridi-thalassino, nec flavicante; corpore subtus vix dilutiore; pileo magis rufescente.*

2. C. PRETIOSA, Bp. (*Callispiza preciosa*, Caban. ex Azara, 95. — *Calliste cayana*, Hartl.). Bras., Parag. *Flavo-cinnamomea, pileo rufescente : genis, gula, alis, caudaque nigro-viridibus.*

Les individus du Pérou sont toujours beaucoup plus forts, à couleurs plus vives, et à gorge d'un bleu irisé (*cyano-versicolor*) : on pourrait les regarder comme constituant une race constante sous le nom de 3. CALLISTE CYANOLAIMA. Bp.

Une race de Cayenne, au contraire, est plus petite; elle a le dos jaune et non vert, et la poitrine bleue : c'est le vrai *cayana* de Linné.

4. C. CAYANA, Bp. (*Tanagra cayana*, sp. 8, L. — *cayanensis*, Gm. — *chrysonota*, Sclat. — *Fringilla autumnalis?* Gm.), Pl. enl., 201, 2. — Desm. Tang., t. 10. — Contr. Orn., 1850, III, cum fig. ex Cayenna. *Nitide lutescens, capite fulvidiore; loris genisque aterrimis : subtus cœrulescens, ventre rufescente : alis caudaque nigris viridi-limbatis.*

5. C. PERUVIANA, Gr. (*Tanagra peruviana*, Desm. — *T. gyrola*, Wied. — *Aglaia melanota*, Sw. adult. — *A. melanotis*, Sw. jun., ex *Tangara à calotte rousse*, Less., Tr. Orn., p, 462, sp. 26). Desm. Tang., t. 11. — Sw., Orn. Dr. of B. of Braz., t. 51, adult. ex Peru. *Flavo-cinnamomea; pileo, genis, cerviceque rufis; interscapilio nigro : subtus glauco-viridis; crisso rufo.*

6. C. FLAVA, Gr. (*Tanagra flava*, Lath. — *T. formosa*, Vieill. ex Azara, 96. — *T. chloroptera*, Vieill.). Sw. Zool. Ill. fig. bona ex Parag., Bras. *Similis* C. cayanæ, *sed major; pileo concolore* (pallidissimo); *et gula, pectore abdomineque medio nigris.*

7. C. CUCULLATA, Gr. (*Aglaia cucullata*, Sw. ex *Tangara à tête noire*, Less., Tr. Orn., p. 462, sp. 25, et Mus. Paris).

Orn. Dr. B. of Braz., t. 7, ex Brasil. *Similis C. cayanæ; sed pileo genisque nigricantibus.*

8. C. CYANOPTERA, Gr. (*Aglaia cyanoptera*, Sw. — *Tanagra argentea*, Lafr). Orn. Dr. B. of Bras., t. 8, ex Brasil. *Glauco-cinnamomea : capite, alis, caudaque nigris : remigibus, rectricibusque cyaneo-marginatis.*

Il ne faut pas confondre cette espèce du Brésil, la 15e de mon *Conspectus*, à cause du nom de *Tanagra argentea* que lui donne Lafresnaye, avec l'espèce 54 dudit ouvrage, *Procnopis argentea*, Tschudi, Faun. Per., t. 11, 2, de Colombie et du Pérou, qui, fort voisine d'*Aglaia atricapilla*, Lafr., forme, avec elle et la *labradorides*, mon genre *Chalcothraupis.*

La prétendue *Calliste leclancheri* n'est que la *Spiza* de ce nom.

Calliste pulchra, Tschudi, Faun. Per., t. 18, 2, est synonyme de *C. arthus;* Less. Ill., zool., t. 9, type de mon genre CHRYSOTHRAUPIS.

Calliste wilsoni, Lafr. n'est autre que *C. thalassina*, Strickland.

Calliste fanny, Lafr. ne diffère pas de *C. larvata*, Dubus, Esq. Orn., t. 9.

Calliste tatao et ses semblables devront former le genre TATAO, auquel Reichenback restreint le nom *Aglaïa*, qui ne peut être conservé.

1. TATAO PARADISEUS, Bp. (*Tanagra tatao*, L. — *Aglaia paradisea*, Sw. — *Calliste tatao*, Gr.), Pl. enl. 127, 2, et 7, 1 . . . Desm. Tang., t. 1. mas, ex Cayenna, Bras. *Nigro-holosericeus ; subtus cæruleus, gula cyanea : pileo genisque læte v[illegible]ibus : tergo rubro, uropygio aureo.*

Les exemplaires de Colombie sont toujours plus petits, à vert de la tête plus étendu, à dos plus noir, avec moins de jaune.

2. T. YENI, Bp. (*Aglaia chilensis!* Vig., 1832. — *A. yeni*, Lafr. — *Calliste chilensis*, Gr.). Orb., Voy. Am. m., Ois.,

t. 24, ex Boliv. *Similis* T. paradiseo ; *sed major, et uropygio ex toto ruberrimo.*

3. T. TRICOLOR, Bp. (*Tanagra tricolor*, Gm. — *T. tatao*, Wied. — *Calliste tricolor*, Boie), Pl. enl., 33, 1. — Pl. col., 215, 1. — Desm. Tang., t. 3. mas, t. 4. fœm. ex Bras.

4. T. FESTIVUS. Bp. (*Tanagra tricolor*, var. Lath. — *T. trichroa*, Licht. — *T. cyanocephala*, Vieill. — *T. rubricollis*, Temm., Wied. — *Calliste festiva*, Gr.), Pl. enl., 33, 2. — Pl. col., 215, 2. — Nat. Misc., t. 537. — Sw. B. of Braz., t. 3. — Kittl. Kupf. Vog., t. 31, 2, ex Bras. *Viridis ; capistro dorsoque nigris : pileo gulaque cyaneis : genis cerviceque rubris.*

5. T. CÆRULEOCEPHALUS, Sw. (*Aglaia cœruleocephala*, Sw. — *cyanicollis*, Orb. — *Calliste cœruleocephala*, Gr.). Voy. Am. m., t. 25, 1, ex Bolivia. *Nigra : capite colloque cyaneis : humeris latissime, uropygioque aureo-versicoloribus.*

6. T. FASTUOSUS, Bp. (*Tanagra fastuosa*, Less. — *Calliste fastuosa*, Gr.). Cent. Zool., t. 58, ex Brasil.

7. T. LARVATUS, Bp. (*Calliste larvata*, Dubus. — *Aglaia fanny*, Lafr.). Esq. Orn., t. 7. — O. Des Murs, Pl. p. 56, 2, ex Mexico, Nova Granada? *Nigerrimus ; capite croceo-virescente ; fronte, genis, humeris, lateribusque lucide cyaneis : uropygio, abdomine tectricibusque alarum minoribus glaucis : crisso albido : remigibus rectricibusque aureo-marginatis.*

Nous composons ainsi qu'il suit le genre CHRYSOTHRAUPIS :

1. CHRYSOTHRAUPIS AURULENTA, Bp. (*Aglaia aurulenta*, Lafr.), Rev. Zool., 1843, p. 290, ex Columbia. *Similis* C. arthus, *sed subtus ex toto aurea.*

2. C. ARTHUS, Bp. (*Tanagra arthus*, Less. — *Callospiza pulchra*, Tschudi. — *Tanagra arthus* et *Calliste pulchra*. Gr.). Ill. Zool., t. 9. — Faun. Per., t. 18, 2. ex Peru, Mexico ? *Aurea, dorso nigro-maculato : pectore, lateribus,*

crissoque latissime fulvo-brunneis : capistro, macula auriculari maxima, alis, caudaque nigris.

3. C. CHRYSOTIS, Bp. (*Calliste chrysotis*, Dubus). Esq. Orn., t. 7, ex Mexico. *Glauco-smaragdina; vertice, cervice, loris, colli lateribus, dorso viridi-maculato, alis, caudaque nigerrimis ; genis aureis : abdomine, tibiis, crissoque rufis.*

4. C. CITRINELLA, Bp. (*Tanagrella citrinella*, Temm. — *cyanoventris*, Vieill. — *elegans*, Wied. — *Calliste citrinella*, Gr.). Sw., Orn. Dr. B. of Bras., t. 6, ex Brasil. *Flava nigro-maculata : capistro, gulaque nigris : pectore lateribusque cœruleis ; alis caudaque nigris viridi-limbatis.*

5. C. THORACICA, Bp. (*Tanagra thoracica*, Temm. —*Calliste thoracica*, Gr.), Pl. col., 42, 1, ex Brasil. *Viridis nigro-maculata ; capistro nigro ; vertice cyaneo : pectore humerisque aurantiis ; gula nigra ; genis lateribusque viridibus ; abdomine crissoque flavidis.*

6. C. THALASSINA, Bp. (*Calliste thalassina*, Strickland, Ann. nat. Hist., 1844, p. 419. — *Aglaia wilsoni*, Lafr., 1847. — *Calliste thalassina* et *C. wilsoni*, Gr.). O. Des Murs, Pl. p. 56, 1, ex Brasil., Peru.

7. C. SCHRANKI, Bp. (*Tanagra schranki*, Spix. — *Calliste schranki*, Gr.). Av. Bras., t. 51, 1, 2. — Orb., Voy. Am. m., t. 24, 1, ex Brasil. Bolivia.

8. C.? FRUGILEGUS, Bp. (*Tanagra frugilegus*, Tschudi. — *Calliste frugilegus*, Gr.), Faun. Per., t. 17, 1, ex Am. mer. occ.

9. C. ICTEROCEPHALA, Bp. (*Calliste icterocephala*, Bp. in litt.). Mus. Paris. ex Republ. Equator. *Nigro aureoque varia ; pileo, uropygio, corporeque subtus aureo-flavis : jugulo glauco-pruinoso : remigibus, rectricibusque nigris, viridi-limbatis.*

10. C. XANTHOCEPHALA, Tschudi. (*Callospiza xanthocephala*, Tschudi. — *Calliste xanthocephala*, Gr.). Faun. Per., t. 17, 2, ex Amer. m. occ. *Glauco-viridis, dorso nigro-maculato; capite flavo nigro-marginato : capistro nigro ; gula*

restricte alba : abdomine medio crissoque pallide rufis : remigibus rectricibusque nigris glauco-limbatis.

11. C. PARZUDAKII, Bp. (*Aglaia parzudakii*, Lafr. — *Calliste parzudakii*, Gr.), Mag. Zool., 1843, t. 42, ex Bogota. *Nigra; subtus et in uropygio cinnamomeo-versicolor : pileo cerviceque flavis; fronte genisque rubro-aurantiis : gula et macula auriculari nigris : humeris et alarum fascia cœruleo-aureis.*

C'est ici que doit trouver place notre groupe IXOTHRAUPIS.

1. IXOTHRAUPIS PUNCTATA, Bp. (*Tanagra punctata*, L. — *Calliste punctata*, Gr.), Pl. enl., 133. 1. — Edw. B., t. 262. — Desm. Tang., t. 8, adult., t. 9, jun., ex Cayenna, Brasil. *Viridis, plumis nigro-centratis, capite cœrulante* (nec flavicante).

12. I. GUTTULATA, Bp. (*Tanagra punctata*, ex Peru, Auct. — *Callospiza guttata* ex Guiana? Caban. — *Calliste chrysophrys*, Sclater), Contrib. Orn., 1851, figura bona, ex Republ. Equator. *Viridis, plumis nigro-centratis, capite flavicante, uropygio immaculato : fronte antice orbitisque luteis : gula pectoreque albo-cœrulantibus, plumarum maculis centralibus nigerrimis : abdomine crissoque flavo-virentibus.*

*13. I. CHRYSOGASTER, Bp. Collect. Eyroll. ex Columbia. *Minor; viridis, plumis capitis, gulæ et pectoris flavicantibus, dorsi et alarum cœrulescentibus, omnibus nigrocentratis : abdomine aureo.*

*14. I. PUSILLA, Bp. (*Tangara petit Sygcou*, Less., Tr. Orn., p. 462, sp. 20). Mus. Paris ex Cayenna. *Minor; ex toto viridis fere immaculata; alis caudaque cœrulescentibus.*

Mon genre CHALCOTHRAUPIS contiendra les espèces qui suivent :

1. CHALCOTHRAUPIS LABRADORIDES, Bp. (*Aglaia labradorides*, Boissonn. — *Tanagra labradorides*, Fl. Prev. — *Calliste labradorides*, Gr.), Rev. Zool., 1840, p. 67.—Voy. Venus, Zool, t. 5, 1, ex Bogota.

2. C. RUFICERVIX, Bp. (*Tanagra ruficervix*, Fl. Prev.,

nec *rufivertex*, Lafr.), Voy. Venus, Zool., t. 5, 2, ex Columbia. *Cærulea, plumis basi plumbeis; abdomine crissoque pallide rufescentibus; capistro, loris, et fascia transversa verticis nigris: fronte postice, cerviceque atro-cyaneis: nucha rufo-castanea: macula utrinque auriculari, tectricibus alarum minoribus, plumisque axillaribus albis.*

3. C. ATROCOERULEA, Bp. (*Procnopis atrocærulea*, Tsch. — *Calliste atrocærulea*, Gr.), Faun. Per., t. 15, 2, ex Am. m. occ. *Similis* præcedenti, *sed macula nuchali straminea nec rufo-castanea.*

4. C. ATRICAPILLA, Bp. (*Aglaia atricapilla*, Lafr.), Rev. Zool., 1845, p. 290, ex Columbia. *Cæruleo-argentea; pileo nigerrimo; genis, gula, pectoreque virescentibus: alis, caudaque nigro-cærulantibus.*

5. C. ARGENTEA, Tschudi, nec Lafr. — *Calliste argentea*, Gr.), Faun. Per., t. 15, 2, ex Am. m. occ. *Cæruleo-argentea; genis gulaque aurulentis; pectore abdomineque medio nigris: pileo nigerrimo; alis caudaque cærulantibus.*

6. C. NIGROVIRIDIS, Bp. (*Aglaia nigroviridis*, Lafr. — *Calliste nigroviridis*, Gr.), Mag. Zool., 1845, ex Bogota. *Cyaneo nigroque varia; dorso, capistro, pectoreque nigerrimis: abdomine albido: rostro brevissimo.*

7. C. NIGRICINCTA, Bp. (*Aglaia nigricincta*, Bp. — *Calliste nigrocincta*, Gr.), Pr. Zool. Soc., 1857, p. 121, ex Peru. *Viridi-cyanea; dorso, pectore, remigibus, caudaque nigris: abdomine albo. — Similis* C. brasiliensi; *sed minor, rostro tenuiore, et colore viridi-cyaneo magis extenso in capite, caudæ rectricibus et alarum tectricibus inferioribus.*

CALLOSPIZA, Bp. est un petit genre que nous fondons pour quatre espèces bleues généralement confondues.

a. ALBIVENTER.

1. C. BRASILIENSIS, Bp. (*Tanagra brasiliensis*, L. — *Passer americanus*? Seba. — *Tanagra barbadensis cærulea*, Br. — *Tangara bleu de Cayenne*, Buff. — *Tanagra mexicana*, *race plus grande*, Less., Tr. Orn., p. 461, sp. 14. — *Cal-*

liste brasiliensis? et *albiventer*, Gr. — *Callospiza barbadensis*, Bp.) Pl. enl. 155, 1, nec Pl. enl. 179, 1. *quæ forsan Cyanoloxia!* Mus. Paris. ex Brasil. *Major dilute cyanea, capistro, occipite, dorso, alis, caudaque nigris : abdomine, tectricibusque alarum inferioribus albis.*

b. FLAVIVENTRES.

2. C. CAYANENSIS, Bp. (*Tanagra mexicana*, p. L. — *T. flaviventris*, p. Vieill.) Pl. enl. 290, 2. — Edw. Glean., t. 550. — Desm. Tang., t. 5, ex Cayenna, Brasil. *Similis* C. mexicanæ*; sed minor ; rostro breviore, angustiore; alis minus elongatis; humeris magis cœrulescentibus : abdomine albo-flavescente.*

3. C. MEXICANA, Bp. (*Tanagra mexicana*, p. L — *T. flaviventris*, p. Vieill. — *Calliste mexicana*, Gr. — *Tangara diable enrhumé*, Buff.), ex Antill., Mexico. Mus. Paris. ex Antill. mer. *Media : intense cyanea : capistro, occipite, cervice, dorso, alis, caudaque nigerrimis : humeris glauco-cœruleis : abdomine flavo.*

4. C. BOLIVIANA, Bp. (*Tanagra flaviventris*, Orbigny, nec Vieill.) Mus. Paris. ex Guarajos. *Minor : nigricans, fronte tantum, genis, gula, pectore, lateribus, uropygio, humerisque cyaneis : ventre flavissimo.*

TANAGRA, L. (*Thraupis*, Boie). Ce genre, déjà si réduit, doit l'être encore davantage par le démembrement des *Dubusia* et par d'autres éliminations : malgré l'addition de quelques espèces nouvelles, il n'en contient plus guère que dix.

1. T. CÆLESTIS, Spix, nec Sw. (*serioptera*, Sw. — *glauca*, Gr. nec Sparrm.), Av. Bras., t. 53, 1, ex Brasil. *Læte cærulea ; humeris, fasciaque alari albo-sericeis.*

Confondu à tort avec le véritable *Evêque*, par ceux même qui ont reconnu cet oiseau à travers la confusion née des espèces voisines et de leurs mauvaises descriptions. Quant à l'*episcopus* de Swainson, c'est au contraire l'espèce qui a les épaulettes du bleu le plus foncé ! Les six espèces figurées par cet auteur dans ses *Birds of Brazil* se réduisent à trois, ayant donné les trois femelles comme trois espèces distinctes. Ainsi, son *inornata* est la femelle de son faux *episcopus*, mon *cyanopterus* : son *olivascens* est la femelle de l'*ornata* : son *cœlestis* (bien différent de celui de Spix) est la femelle de son *T. cana !*

2. T. EPISCOPUS, L. (*sayaca*, Aliq. — *Gracula glauca*, Sparrm.) Br. Orn. III, sp. 25, t. 1, 2. — Pl. enl. 178, 1. mas. — Mus. Carls., t. 54. mas, ex Guiana, Nova-Granada. *Cœrulans, subtus dilutior : humeris albo-cœruleis; fascia alari nulla ; rostro robusto.*

3? T. GLAUCOCOLPA, Caban. (*sayaca* ex *Caracas*, Auct.), Mus. Hein., p. 28, sp. 192, ex Columbia. *Similis prœcedenti; sed minor, rostro breviore, alis brevioribus : colore prœcipue caudæ vegetiore.*

4. T. SAYACA, L. (*cana*, Sw. mas. — *cœlestis*, Sw. nec Sp. fæm. — *prœlatus*, Less. — *cana* et *swainsoni*, Gr.), Edw. B., t. 351, 1. — Sw. B. of Braz., t. 37. mas, t. 41, fæm. — Desm. Tang., t. 15. mas, t. 16? fæm , ex Ins. Santa-Trinit., Venezuela. *Glaucescens : humeris cyaneis : rostro debiliore.*

5. T. CYANOPTERA, Bp. (*sayaca*, Wied, Hartl., Bp., p. nec L. — *Tan. virens*, Strickl., nec L. — *T. diaconus*, Less. — *T. argentata*, Gr. — *T. episcopus*, Sw., nec L. mas. — *T. inornata*, Sw. fæm. — *Loxia! virens*? L. — *Saltator cyanopterus*, Vieill. ex Azara, 92. — *Thraupis cyanoptera*, Caban.), Edw. B., t. 351, 1? — Bras. B., t. 39. mas jun., t. 40. fæm. ex Bras., Parag., Rio-Grande. *Major : cœrulans, subtus virescens : humeris lucide percyaneis : rostro robustissimo.*

6. T. ORNATA, Sparrm. (*arciepiscopus*, Desm. — *olivascens*, Licht. fæm. — *palmarum*, Wied. fæm. — *melanoptera*, Hartl. mas jun. — *episcopus* vel *sayaca* fæm., Aliq), Pl. enl. 178, 2. mas jun. — Mus. Carls., t. 95. mas adult. — Desm. Tang, t. 17. mas, t. 18. fæm. — Sp. Av. Bras.,

t. 55, 2. mas ad. t. 58. fœm. ex Cayenna, Bras. *Cyanea, humeris flavis.*

Le jeune mâle est semblable à la femelle adulte, mais il a le bec plus grêle et les ailes tout-à-fait bicolores. *Virescens ; subtus magis violaceo micans : interscapilio, scapularibus, dorso et tergo cœrulescantibus : alis quo ad colorem fere bipartitis, dimidio basali pileo concolore, virescente, apicali pure nigro : cauda fere nigra, rectricibus mediis vix viride indutis : rostro graciliore, nigerrimo : pedibus nigris.*

7. T. VICARIUS, Less. (*abbas*, Licht.), Cent. Zool., t. 68, ex Mexico. *Capite humerisque cyaneis : speculo alari flavo.*

8. T. STRIATA. Gm. (*chrysogaster*, Cuv. — *darwini*, Bp.), Azara, 94. — Voy. Beagle B., t. 56, ex Peru, Parag.

Mas *nigra ; capite, collo, alarumque tectricibus cœruleis : pectore uropygioque aurantiacis ; abdomine flavo : femoribus cinereis.*

Fœm. *olivacea*; *capite, collo, alarumque tectricibus cœruleis : subtus ex toto cum uropygio flava, femoribus cinereis.*

Cette espèce, que nous plaçons pour cela la dernière, se rapproche beaucoup des *Dubusia*, mais on ne peut la séparer du *T. vicarius. Tanagra cyanocephala,* au contraire, malgré son affinité au *vicarius*, me semble devoir être mise en tête du genre DUBUSIA, Bp., dont nous avons déjà énuméré les espèces à la page 424 du tome XXXI des Comptes-rendus de l'Académie des Sciences. Aux dix espèces mentionnées, nous n'avons rien à ajouter, sinon que *Tachyphonus elegans,* Less., cité comme synonyme de *victorini,* Massena (*flavivertex,* Lafr.), est cependant, par son dos obscur, presque intermédiaire à cette espèce, ou race à dos vert, et à celle à dos noir et croupion bleu, qui porte le nom de *flavinucha,* Lafresn., tandis que *sumptuosa,* Less., du Pérou, a le dos noir et le croupion presque uniforme.

Nous croyons aussi devoir distinguer sous le nom de DUBUSIA GIGAS, Bp. le *Tanagra montana,* Less., du Musée de Paris, provenant de Santa-Fé de Bogota. *Maxima; cer-*

vice dorso concolore, le nom de DUBUSIA MONTANA devant être réservé au *Tanagra montana*, d'Orb., de Bolivie. *Major ; rostro validiore : cervice dorso valde dilutiore.* Ces deux espèces, desquelles on ne peut pas détacher l'*eximia*, constituent le genre BUTHRAUPIS de Cabanis.

Quant au *Tanagra fasciata*, Licht. (*axillaris*, Spix), c'est un Pitylien voisin des *Diuca* et de *Lamprospiza*.

Tanagra inornata, Sw., B. of Bras., t. 40, est la femelle d'un véritable Tangara, son faux *episcopus*, mon *T. cyanoptera*.

Tanagra palpebrosa est, comme nous l'avons dit, synonyme du prétendu *Tachyphonus lacrymosus*, maintenant *Dubusia lachrymosa*.

Le *Tanagra igniventris*, Orb., avec les *lunulata*, *constantii* et *erythrotis*, qui ne forment probablement qu'une seule espèce, à bleu plus circonscrit, et rouge plus étendu en croissant et non en simple tache, nous offrent le type du nouveau genre ANISOGNATHUS Reichenback, 1850, ou *Pœcilothraupis*, Cabanis, 1851.

TANAGRELLA, Sw. Quoique les synonymes attribués à *Tanagrella ruficollis* appartiennent à un oiseau qui n'est pas même de la famille, ce genre n'en est pas moins composé de cinq espèces, grâce aux deux nouvelles décrites dans cette note, une desquelles, notre *rufigula*, relie si bien les trois espèces normales à celle figurée par Gosse, et dont Hartlaub avait constitué, je crois, son genre *Neornis*. TANAGRELLA RUFICOLLIS, Gosse (*Neornis cærulea*, Hartl.), Ill. Jam., t. 58, ex Jamaica. *Fusco-cærulea, scuto pectorali rufo.* Du reste, *T. iridina*, Caban. correspond à ma *T. velia;* tandis que l'*Hypothlypis velia*, Caban. (*multicolor*, Sw.) est ma *T. cyanomela!*

NEMOSIA. La prétendue *Nemosia atra* (*Tanagra melanopis*, Lath.) Pl. enl. 714, n'a été appelée ainsi que par erreur : c'est un Pitylien voisin des *Tanagra capistrata* et *leucophæa*. (Voyez mon *Conspectus*, p. 500.)

Nemosia flavicollis est la seconde espèce du bon genre

Hemithraupis, Caban., qui en compte trois, y compris *Hylophilus ruficeps*, Wied : son type est *Tanagra guira*, L. (*nigricollis*, Gm.).

On pourrait ajouter, comme quatrième, la petite race du *flavicollis*, qui se trouve au Pérou, et qui, indépendamment de la taille, se fait toujours reconnaître de la grande du Brésil par le miroir blanc (qui l'a fait nommer *specul*i*fera*) beaucoup plus restreint, et surtout par les taches jaunes qui ornent la pointe des petites couvertures alaires. Ce sera **Hemithraupis peruana**, Bp.

Deux espèces, mais non trois, ont été confondues sous le nom de *Sylvia* ou *Nemosia ruficapilla;* l'espèce de l'Amérique du Nord est une véritable *Sylvicola;* celle du Brésil, une *Nemosia : Rhimamphus ruficapillus* de mon *Conspectus* est nominale : du moins nous n'avons jamais vu d'oiseau comme celui représenté à la pl. 164 de la *Galerie des Oiseaux*, et qui doit être composé d'après les deux espèces sus-mentionnées.

Nemosia nigrogenys est un Fringillide du genre *Paroaria*, non moins que le prétendu *Tachyphonus capitatus*.

Nemosia fulvescens, Strickland, appartient à mon genre *Pipilopsis*, comme les *Arremon rubrirostris* et *superciliaris* de Lafresnaye, que cet auteur lui-même a déclaré depuis être des Némosies.

Tachyphonus, Vieill. Aucun genre peut-être n'a été plus embrouillé que celui-ci. Commençons par en fixer le type, qui devra être le *Tanagra cristata*, L., rangé à tort dans le genre *Lanio*, et sous lequel on a confondu deux espèces. Après l'avoir purgé des nombreux oiseaux qui ne lui appartiennent pas, il faudra lui réunir les *Pyrrota* de mon *Conspectus*. Le genre *Pyrrota* de Vieillot, que cet auteur supprima lui-même, avait été fondé pour le *Tangaroux*, soit que, sous ce nom, il eût en vue la femelle de *Tanagra nigerrima*, ou le **Volucre**, d'une tout autre famille, que l'on a confondu avec elle.

Le *Tachyphonus tæniatus*, Boiss. (*Arremon tæniatus*, Gr.)

de Bogota, est une espèce de mon genre Dubusia, très-voisine, sinon identique, de ma *Dubusia selysia;* et le *T. lachrymosus*, Dubus (*palpebrosus*, Lafr.), appartient au même genre.

Les prétendus *Tachyphonus ruficeps*, Strickland, *flavipectus, canigularis* et *albitempora*, Lafr. (ce dernier ne différant pas de l'*Arremon ophthalmicus*, Dubus), doivent se placer sous mon genre Pipilopsis.

Le *Tachyphonus penicillatus*, Spix, Av. Br., t. 49, 1, constitue mon genre Comarophagus avec le *Pyranga albicollis*, Orb., Voy. Am. m., Ois., t. 26, 2, qui en diffère à peine, et a été à tort placé parmi les *Pyrangas*.

Quant au *T. quadricolor*, Vieill., pour lequel Cabanis forme son genre *Trichothraupis*, il me semble se rapprocher bien plus des *Tachyphones* et des genres *Cypsnagra* et *Lanio*, dont la place est aussi près de ces oiseaux.

Tachyphonus chloricterus, Vieill, appartient au genre Orthogonys.

De sorte qu'il ne doit rester, dans le genre *Tachyphonus*, que les espèces suivantes :

1. T. cristatus, Sw. (*Tanagra cristata*, L., qu'il ne faut pas confondre avec *Fringilla cristata*, qui est une Lophospiza. — *T. cayanensis nigra cristata*, Br. — *T. brunnea*, Spix jun. — *Lanio cristatus*, Vieill. — *L. cristatus* et *L. vieilloti*, Lafr. — *Tachyphonus martialis*, Schiff, ex Temm. – *T. gubernatrix*, Less.), Pl. enl. 7, 2. — Briss., Orn., t. 4, 5. — Jard. et Selby, Ill. Orn., t. 30. — Av. Bras., t. 49, 2, jun. — Desmar. Tang., t. 48, sub nomine *Houpette jeune âge*, ex Brasil. *Nigerrimus; gula, uropygioque flavo-cinnamomeis : pileo rubro : tectricibus alarum inferioribus albis : maxilla dente instructa.*

2. T. surinamensis, Lafr. (*Turdus surinamensis*, L. — *Merula surinamensis*, Br. — *Tanagra cristata*, Temm. — *T. ochropygos*, Licht. — *T. desmaresti*, Aliq. nec Vieill. — *Tachyphonus cristatus*, Schiff. et Less. — *T. ochropygus*, Caban.), Pl. enl., 301, 2. — Briss., Orn., t. 5, 1. —

Desmar. Tang., t. 47, sub nomine *Houpette adulte*, ex Brasil. *Nigerrimus; pileo, uropygioque latissime, flavo-cinnamomeis : tectricibus alarum minoribus et inferioribus, laterumque macula, albis.*

3. T. RUFIVENTER, Spix, Av. Bras., 11, t. 50, 1, et Sclater, Contr. Orn., 1850, III, *cum fig.*, ex Bras., Peru. *Affinis* præcedenti, *sed rostro denticulis insigne more* Phytotomarum. *Niger : vertice latissime, uropygio, gula et corpore subtus, pone collarem nigrum, flavo-aurantiis; pectore, abdomineque medio subferrugineis : tectricibus alarum minoribus dorso proximioribus, inferioribus, et remigibus interne ad basim, albis.*

4. TANAGRA CORYPHÆUS, Licht. (*Tachyphonus vigorsi*, Sw. — *Agelaius coronatus*, Vieill. ex Azara, 77), Jard. et Selb., Orn. III, t. 56, 2, ex Brasil. *Nigerrimus; pileo rubro : humeris albis.*

5. *Oriolus leucopterus* et *Tanagra nigerrima*, Gm. (*rufa*, Bodd. fæm. — *Oriolus melaleucos*, Sparm. — *Pyrrota leucoptera*, Vieill. ex Azara, 76. — *Tachyphonus cirrhomelas*, Vieill., var. — *T. nigerrimus*, Gr.) Pl. enl., 711, 2, mas, et 711? fæm. — Mus. Carls., t. 51. — Desm. Tang., t. 45, mas; t. 46, fæm.; t. 49, var., sub nomine *Houpette noire*. — *Gal. Ois.*, t. 82, ex Bras., Parag. *Major : nigerrimus; humeris albis.* Fæm. *rufa.*

Plusieurs races sont encore confondues sous ce nom. Je propose le nom de T. BEAUPERTHUYI pour celle rapportée au Muséum par ce voyageur, et qui se distingue de la commune, dont elle a la taille, par le blanc de l'épaule, beaucoup plus circonscrit, réduit à une simple tache, et par le bec plus effilé.

6. TACHYPHONUS LUCTUOSUS, Orb., ex Bolivia. *Minimus : nigerrimus; humeris latissime albis.*

Deux races presque identiques, et tout aussi petites, se retrouvent, l'une en Bolivie, l'autre à la Trinité et dans d'autres Antilles : le blanc, dans ces petits oiseaux, est plus étendu que dans les grands.

7. T. BREVIPES, Lafr., Revue zoolog., 1846, p. 206, ex Columbia. *Cum* T. luctuosa, fœm. *affinis.*

8. T. DELATRII, Lafr., Revue zoolog., 1847, p. 72, ex Mexico. *Niger : vitta aurantia pilei media.*

9. T. PHOENICEUS, Sw. (*saucius*, Strickl.). *Two Cent. and a Quarter*, p. 311, ex Brasil. *Nigerrimus; humeris albis, macula rubra.*

10. T. QUADRICOLOR, Vieill. (*suchii*, Sw. — *Tanagra auricapilla*, Spix. — *Muscicapa galeata*, Licht. — *M. melanops?* Vieill. ex Azara, 101) Av. Bras., t. 52. ex Bras. mer., Parag. *Virescens, subtus flavo-cinnamomeus : fronte, genis, alis, caudaque nigris : pileo flavo.*

Les deux espèces qui suivent constituent le genre PHŒNICOTHRAUPIS de Cabanis.

1. TACHYPHONUS RUBER, Vieill., ex Azara, 85, qui n'est pas du tout un Pyranga ! (*Tanagra flammiceps*, Temm. — *porphyrio*, Licht. — *Saltator rubicus*, Vieill.) Pl. col., 177, ex Bras., Parag. *Testaceo-ruber : vertice cristato flammeo.*

2. SALTATOR ! RUBICOIDES, Lafr., Revue zoolog., 1844, p. 41, sp. 4, ex Mexico. *Similis* præcedenti, *sed minor; rostro longiore, magis compresso : tarsis brevioribus : rubro colore vegetiore.*

LANIO, Vieill. (*Pogonothraupis*, Caban.). Ce genre, qui tient aux *Tachyphones*, aux *Comerophages* et à *Cypsnagra*, ne comprend véritablement que trois espèces : *atricapillus*, *versicolor* (à tort réunies), et *aurantius.*

LAMPROTES, Sw. et SERICOSSYPHA, Less. peuvent constituer deux genres indépendants l'un de l'autre. C'est le dernier surtout, qui montre une grande affinité aux AMPELIDES.

C'est à tort que l'on a rapporté au *Tanagra bonariensis*, Gm. le type du premier, *T. ruficollis*, Sw. (*rubrigularis* ou *rubricollis*, Spix. — *Erythrolanius rubricollis*, Less.) Av. Bras., t. 56, 1. *Atro-cœruleus; gula, juguloque rubris.* Il faut, au contraire, lui réunir TANAGRA LORICATA, Licht

(*Tachyphonus loricatus*, et probablement *Saltator niger*, Vieill.), Cat. Dupl. Berl. Mus., 540. mas, 541. fœm., ex Brasil., Columb. *Tota anthracina, plumis holosericeo-marginatis*. Long. 8 — poll., qui en est le jeune.

PYRANGA, Vieill. Il reste encore à étudier, surtout pour débrouiller la synonymie, les espèces entièrement rouges des deux Amériques, la *Pyranga hepatica*, Sw. du Mexique, ou *Tanagra dentata*, Licht. étant probablement une espèce intermédiaire au *P. azaræ*, Orb., du Brésil, et au *P. æstiva* ou *mississipensis*, Gm. de l'Amérique du Nord.

Tout le monde connaît les deux autres espèces des Etats-Unis, PYRANGA RUBRA, Bp. (*Tanagra rubra*, L. — *erythromelas*, Vieill.), Pl. enl. 127, 1. mas, 156, 1. fœm. — Desmar. Tang., t. 34. mas ad. — Wils. Am., Orn., t. 11, 3. mas 4. fœm. *Rubra, plumis basi albis; alis caudaque nigris*.

P. LUDOVICIANA, Bp. (*Tanagra ludoviciana*, Wils. — *Pyranga erythropis*, Vieill.), Am. Orn., t. 20, 1. — Aud. Am., t. 354, 1. mas 2. fœm. ex occid. Am. s. Mexico. *Flava; facie rubricante; dorso, alis flavo-bifasciatis, caudoque nigris*.

Pyranga mexicana, Less. est synonyme de *Periporphyrus atropurpuratus*, et appartient par conséquent à une autre famille.

Deux espèces, l'une de Cuba, l'autre du Pérou, sont peut-être confondues sous la réunion des *P. leucoptera*, Trudeau, *bivittata*, Lafr., 1842, et *ardens*, Tschudi : dans ce cas, le premier et le dernier de ces noms seront retenus pour les espèces qui les reçurent originairement.

Pyranga sanguinolenta, Lafr., 1839, ne diffère pas spécifiquement de *P. bidentata*, Sw., 1827. Le premier est le mâle adulte ; le second, la femelle ou le jeune.

C'est à tort que l'on a considéré le *Pyranga rubriceps* de Gray comme synonyme de *Spermagra erythrocephala*, Sw., 1827, et *cucullata*, Dubus, 1848, comme nouveau. C'est le contraire qu'il faut faire, Swainson ayant décrit la petite espèce à bec non denté.

1. P. ERYTHROCEPHALA, Sw, 1827 (*cucullata*, Dubus, 1848), Revue zoolog., 1848, p. 245, ex Mexico. *Minor; viridis : capite et gula rubris.*

2. P. RUBRICEPS, Gr. et Mitch. (*pyrrhocephala*, Massena), Gen., B., t. 89, 2, ex Mexico. *Major: flava, dorso virente : capite, cervice, pectoreque rubris : remigibus, rectricibusque nigris viridi-limbatis.*

Dans le genre RAMPHOCELUS, dont les dix espèces sont trop bien connues pour que nous les énumérions ici, l'on peut signaler un petit groupe pour le JACAPA, L., et deux espèces voisines, dont l'une plus sombre, l'ATRISERICEUS, d'Orb., Voy. Am. m., t. 26, 1, de Bolivie, et l'autre, nouvelle, au contraire plus brillante : ce sera RAMPHOCELUS UROPYGIALIS, Bp., Coll. Verr. ex Guatamala. *Similis* R. jacapæ ; *sed ventris lateribus crissoque viride coccineis.* Les plumes des flancs et les couvertures supérieures de la queue sont noires au milieu, bordées de rouge feu.

Les huit autres espèces se rapprochent de R. BRASILIUS.

Quoique l'*Esclave*, type du genre DULUS, ne soit pas placé par moi parmi les Tangaras, toutefois je profite de son affinité avec eux pour en faire connaître une seconde espèce, de Saint-Domingue, comme celle anciennement connue.

DULUS POLIOCEPHALUS, Bp., Mus. Paris. ex Hispaniola, *similis* D. palmarum ; *sed minor et pileo corporeque subtus omnino plumbeis, fronte tantum nigra, et mento vittaque gulari hinc inde tantum albis.*

Quid *Dulus nuchalis*, Sw. (*Arremon nuchalis*, Gr.) *Two Cent. and a Quarter*, p. 345, sp. 98, ex Brasil. *Brunneo-olivaceus ; subtus isabellinus fusco-striatus ; nucha vitta transversa alba : genis fuscescentibus : cauda emarginata?*

Nous ne saurions assez rappeler l'attention des ornithologistes sur le fameux *Tanagra dominica*, Gm. (*dominicencis*, Br.), figuré par Buffon sur la Pl. enl. 156, 2, et dont le type existe au Musée de Paris. Ce n'est nullement un jeune *Dulus*, comme nous l'avions soupçonné, mais il se rapproche, au contraire, beaucoup du *Turdus guianensis* figuré à la pl. enl. 588, dont le type est encore aussi conservé. Ces deux oiseaux, pour le moins congénères, et assez rapprochés de *Donacobius*, rappellent les femelles de certains Cotingas.

C'est encore à titre d'allié des Tanagrides, que nous donnons ici la phrase caractéristique d'une nouvelle espèce d'Alouette d'Afrique, qui sera la sixième du groupe des *Calandrellæ*, et devra trouver place dans le système près de l'*Alauda deserti*.

ALAUDA CINNAMOMEA, Bp., Mus. Brehm., ex Afr. centr. *Rufo-cinnamomea, albido varia; subtus albida, guttulis pectoralibus cinnamomeis : remigibus vix scapulares excedentibus : rectricibus lateralibus nigricantibus, extimis utrinque duabus externe et apice albis : rostro elongato curvo* (allongé pour une Calandrelle!)

Dans le Musée de Paris, on conserve une Alouette fort semblable à notre espèce africaine comme variété albine de l'Alouette commune. L'on sait que l'*Alauda albigula*, Brandt, est synonyme de mon *Otocoris scriba;* et que l'*Alauda spraguii* (non *sprangeri*), Audubon, t 486, n'est pas un *Otocoris*, dont on ne connaît que cinq espèces ou races.

Mon cher monsieur Guérin,

En corrigeant les épreuves de ma Note sur les *Tangaras*, que vous avez bien voulu reproduire dans votre journal, telle que je l'avais soumise à l'Académie des Sciences, et avec toutes les parties que le manque d'espace n'avait pas permis de publier dans ses *Comptes-rendus*, je me suis empressé d'ajouter plusieurs observations subséquentes. Veuillez permettre que je profite aussi de cette occasion, et de ce qu'il est question d'Alouettes, pour vous exprimer mes regrets de n'avoir pu obtenir, comme je me suis efforcé de le faire, que l'on s'abstienne de donner un nom nouveau à un être déjà enregistré régulièrement dans la science. C'est, au reste, presque le seul reproche que je puisse faire à l'article inséré dans votre journal, et dont les détails intéressants, et la figure surtout, seront très-utiles à la science. Je me bornerai donc à constater que l'*Alauda clot-bey*, attribuée comme de raison à Temminck, se trouve rangée dans le genre *Melanocorypha*, précisément dans la première partie de mon *Conspectus*, puisque cette partie ne s'arrête qu'à la page 275. J'ajoute que je n'ai point dit que le bec de notre Alouette fût *paradoxal* (ce qui ne voudrait rien dire), mais bien qu'elle avait un bec de *Paradoxornis;* phrase très-significative pour quiconque connaît ce remarquable type indien. — Qu'il était impossible, avant de constituer un genre (que bien des ornithologistes n'admettront pas) pour notre oiseau, de ne pas en faire une Calandre (*Melanocorypha*, Boié). — Que l'oiseau figuré par vous est bien exactement de la même espèce que le mien. — Que l'antériorité de mes noms spécifique et générique est tellement démontrée, qu'il n'est besoin de produire à l'appui d'autre pièce que le Mémoire en question lui-même. — Que le dernier paragraphe de la page 53 de votre premier numéro de 1851 était complètement inutile après la lecture des phrases du *Compte-rendu* rapportées quelques lignes plus haut.

Libre à chacun de choisir ses noms et ses hommages, ne fût-ce que pour les lancer dans le puits sans fond de la synonymie ;..... mais libre aussi à nous de déclarer que, dans ce cas, après mûr examen, nous ne trouvons d'autre excuse à l'application d'un nom tout-à-fait étranger à la science, pour notre Alouette clot-bey, que celle du célèbre abbé qui s'écriait : « Mon siége est fait! »

Paris. — Typographie Schneider, rue d'Erfurth, 1.

www.ingramcontent.com/pod-product-compliance
Ingram Content Group UK Ltd.
Pitfield, Milton Keynes, MK11 3LW, UK
UKHW020519180726
13839UKWH00005B/2187

9 782329 393018